农业转基因科普系列丛书

农业农村部农业转基因生物安全管理办公室　编

转基因

被误解的那些事

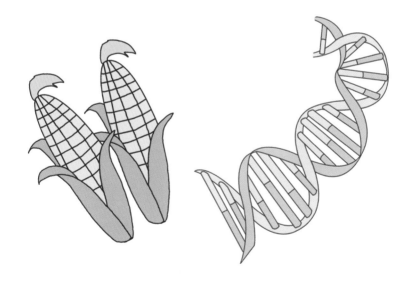

中国农业出版社

北京

编写委员会

主　　编：林祥明

副 主 编：张宪法　杨青平

参编人员（按姓氏笔画排序）：

王　东　　王双超　　王志兴　　方玄昌

田文莹　　毕　坤　　孙加强　　孙卓婧

李文龙　　李菊丹　　杨晓光　　吴　刚

吴　欧　　吴小智　　何晓丹　　汪　明

宋贵文　　宋新元　　张　锋　　张　楠

张　璟　　张世宏　　张弘宇　　张凌云

武淑娇　　金芜军　　柳小庆　　洪广玉

祖祎祎　　顾　媛　　徐琳杰　　唐巧玲

展进涛　　黄昆仑　　寇建平　　谢　震

谢家建

编者按：

　　谣言止于智者，谣言止于知者。了解转基因的基本知识，才不会轻易相信谣言。事实上，许多智者因为缺乏转基因知识，也可能对转基因产生误解。唯有知识可以辟谣，可以消除误解。

目录

Contents

误解 1　吃转基因食品改变人的基因　01

误解 2　转基因违背自然规律　05

误解 3　转基因食品会致癌　08

误解 4　转基因导致广西大学生不孕不育　12

误解 5　转基因食品影响生育能力　15

误解 6　转基因食品影响子孙后代　17

误解 7　转基因导致老鼠减少、母猪流产　19

误解 8　草甘膦致癌　22

误解 9　抗虫转基因作物虫子吃了会死，
　　　　对人体同样有害　28

误解 10　转基因食品必须进行人体试吃试验　32

误解 11　小白鼠试验不能代替人体试验　35

误解 12　转基因食品具有潜在风险　38

误解 13　基因漂移非常可怕　44

误解 14　种植转基因抗除草剂作物会产生
　　　　 "超级杂草"　46

误解 15　转基因作物不增产，对生产没有
　　　　 任何作用　48

误解 16　转基因作物不优质　50

误解 17　美国人不吃转基因食品，生产出来卖给
　　　　 中国人　53

误解 18　转基因毁掉了阿根廷　58

误解 19　转基因安全性，在科学界
　　　　 还没有定论　61

误解 20　目前市场上的圣女果、紫薯、彩椒等
　　　　 都是转基因品种　64

误解 1 吃转基因食品改变人的基因

转基因的"转"，是科学家把一个物种的基因，转到另一个物种的基因组上。例如抗虫作物，就是把苏云金芽孢杆菌中的杀虫晶体蛋白基因，转到玉米、棉花、水稻的基因组上，让玉米、棉花、水稻具有抗虫性状。

基因是一段具有生物功能的核酸分子，属于核酸，由核苷酸组成，人的十二指肠里的核酸酶可以把基因分解为核苷酸。这正如淀粉酶把淀粉分解为葡萄糖，蛋白酶把蛋白质分解为氨基酸，脂肪酶把脂肪分解为脂肪酸一样，食品里的基因被分解了，也就不存在了，也就不会进入人的基因组，更不会改变人的基因。

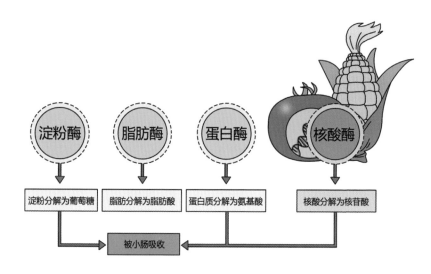

淀粉酶	脂肪酶	蛋白酶	核酸酶
↓	↓	↓	↓
淀粉分解为葡萄糖	脂肪分解为脂肪酸	蛋白质分解为氨基酸	核酸分解为核苷酸

被小肠吸收

📖 知识链接：

基因故事。

谈转基因，先要了解基因。

1856年，奥地利修道士孟德尔在修道院里开垦出三分地，开始了长达8年的豌豆杂交试验。1865年，孟德尔发表了《植物杂交试验》论文，认为细胞里的"遗传因子"控制豌豆植株高矮、种子圆皱、花朵颜色等具体性状的遗传。

1900年，欧洲三位生物学家不约而同地发现孟德尔的论文并且做了重复试验，验证了孟德尔的"遗传因子"假说。

1909年，丹麦遗传学家约翰森创造了gene这个单词，读音为"基因"，用来表示孟德尔的"遗传因子"。

1926年，美国遗传学家摩尔根出版《基因论》，确认控制性状的基因存在于细胞的染色体上。"染色体"这个名称始于1888年，缘于给细胞染色后在显微镜下观察能看到深色的棒状物，故名。

1936年，师从摩尔根的中国学生谈家桢博士，将gene音译为汉语"基因"。

　　1953年，美国人沃森、英国人克里克，在细胞染色体上发现双链螺旋状的分子结构。这个分子叫脱氧核糖核酸，英语缩写为DNA，而基因就是DNA的一个个片段。

　　如今，孟德尔当年所在的修道院成为著名的旅游景点，那三分地的豌豆试验田仍然保留着，被誉为遗传学圣地。

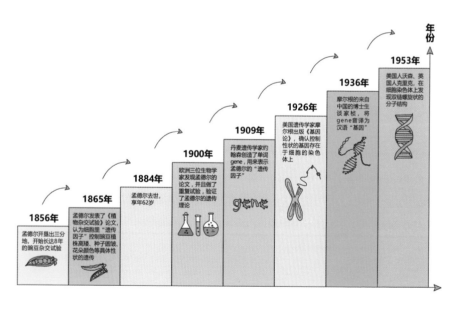

误解 2 转基因违背自然规律

 释疑

　　随着遗传学的发展，科学家发现自然界本来就存在转基因现象。比如细菌之间转基因很普遍，细菌给植物转基因也不罕见。人工转基因其实是对自然的模仿，并没有违背自然规律。

　　人工转基因的常用方法之一是"农杆菌法"。农杆菌在侵入植物根系细胞组织的同时，将它质粒DNA上的"特定DNA片段"剪切下来，插入植物细胞的DNA之中，这就是转基因。这段"特定DNA片段"可以作为人工转基因的工具。在实验室里，利用酶把农杆菌"特定DNA片段"上原有的基因剪切掉，换上A物种的基因，然后把农杆菌载着A物种基因的"特定DNA片段"转入B物种的细胞里，并插

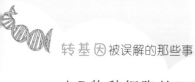

入B物种细胞的DNA之中，从而实现物种间基因转移。在这个过程中，农杆菌相当于"运载工具"的角色，目前的转基因农作物品种就经常需要这样"转基因"的。

知识链接：

举几个天然转基因的例子

① 细菌之间的转基因。

细菌是单细胞生物，一个细菌就是一个细胞。细菌按界、门、纲、目、科、属、种分类，亲缘关系较近的细菌之间，在一定自然条件下会发生基因转移，主要的转移方式有：①供体细菌分泌的DNA片段，附着于受体细菌，而受体细菌有孔洞，从而实现DNA片段转移；②病毒侵入一个细菌，携带该细菌的DNA片段，再侵入另一个细菌，也能实现基因转移；③有的细菌有菌毛，有的菌毛具有性的功能，通过菌毛接触，雄性菌可以将体内的质粒DNA转入雌性菌体内。

②细菌给植物转基因。

以红薯为例，土壤中有一种细菌叫农杆菌，它常常侵入植物的根，当然也侵入红薯的根，本来红薯是无块根的，被农杆菌侵入后便长出了块根。

2015年美国科学院院刊发表一篇论文，呈现了农杆菌给红薯转基因的证据。论文的作者检测了全世界现有的291个红薯品种的基因组，发现每个品种的基因组都含有若干个农杆菌基因。

农杆菌

既然自然界存在转基因，那么人工转基因就是师法自然，而不是违背自然规律。

误解 3 ▶ 转基因食品会致癌

释疑

"转基因食品致癌"的谣言,源于法国里昂大学教授塞拉利尼2012年完成的转基因抗除草剂玉米饲喂大白鼠的试验。这个试验已被国际生物学界、欧洲食品安全局、法国生物技术高等理事会、德国联邦风险评估研究所等权威机构以及全世界绝大多数同行科学家所否定。塞拉利尼发表的论文,也被学术杂志撤稿。

通过科学评价批准上市的转基因产品是安全的。

为保障转基因产品安全，国际食品法典委员会、联合国粮农组织、世界卫生组织等制定了一系列转基因生物安全评价标准，成为全球公认的评价准则。依照这些评价准则，各国制定了相应的评价规范和标准。从科学研究上讲，众多国际专业机构对转基因产品的安全性已有权威结论，即通过批准上市的转基因产品是安全的。

从生产和消费实践看，20多年转基因作物商业化累计种植300多亿亩*，至今未发现被证实的转基因食品安全事件。因此，经过科学家安全评价、政府严格审批的转基因产品是安全的。

---

* 亩为非法定计量单位，1亩≈667米^2。——编者注

法国里昂大学教授塞拉利尼的试验。

塞拉利尼用的大白鼠，寿命只有2～3年，1年多以后就容易自发生长肿瘤，2年以后80％以上的大鼠会长出肿瘤，如果吃得过饱，生长肿瘤的时间会更早，概率会更高。因此这种大鼠只适合做饲喂90天的毒理试验，不适合做饲喂2年的致癌试验。但是塞拉利尼做的就是饲喂2年的试验。

早在2008年，由35个市场经济国家组成的经济合作组织就规定：长期毒理试验，每个处理组至少需要20只动物；致癌毒理试验，每个处理组至少需要50只动物。塞拉利尼的试验，每个处理组只用10只大鼠，并且不公布饲喂的量，属于违规试验。

日本科学家早在2008年就做过同类试验。用的大鼠比塞拉利尼的大鼠寿命长，饲喂的也是转基因抗除草剂玉米，饲喂时间同样是2年，得出的试验结果是：转基因玉米与非转基因玉米，对实验鼠的生理影响没有显著差异，不致癌。

按照科学界通行的规范的统计方法，塞拉利尼试验最终各个处理组、对照组的数据都不存在显著差异，那么患癌率、死亡率实际上就是大鼠自发的患癌率、死亡率，而与转基因玉米无关。

 **转基因导致广西大学生不孕不育**

　　广西大学生不孕不育与转基因无关。

　　广西大学生精液异常之说，出自广西医科大学第一附属医院在调查研究基础上所发表的《广西在校大学生性健康调查报告》，研究者在报告中并没有提出精液异常与转基因有关的观点，而是列出了环境污染、长时间上网等不健康的生活习惯等因素。

　　这篇造谣的帖子，无端地把这篇调查报告与转基因玉米联系起来，引起了误解。

知识链接

❶ 《广西在校大学生性健康调查报告》是咋回事?

《广西在校大学生性健康调查报告》的作者,检测了217名在校大学生的精子数量、活率、活力、正常形态率等项指标,其中43%的人完全正常,57%的人在某项指标上异常,而17%的人属于精子减少。报告中没有提及转基因,更没有提及大学生精液异常与广西种植的"迪卡007"玉米有关。

❷ 什么是"迪卡007"玉米？

广西种植的"迪卡007"玉米，不是转基因品种，只是杂交品种。且"迪卡007"玉米之所以被指为转基因，是因为联想到它是孟山都收购的迪卡公司培育的，其实孟山都不光培育转基因玉米，也培育杂交玉米。"迪卡007"玉米与大学生精子减少，本来风马牛不相及，却被别有用心之人造谣为因果关系。

误解 5 ▸ 转基因食品影响生育能力

"转基因食品影响生育能力"的谣言，最初来源于2010年4月16日俄罗斯网站上的一篇文章——《俄罗斯科学家证实转基因食物是有害的》。文章说：俄罗斯科学院生态与进化研究所的一位研究人员做了一项试验，表明转基因大豆影响仓鼠的生育能力，实际上，这项试验结果被"同行评议"的机制否决了，说明其试验结果是错误的，却被不负责任的网络媒体报道了。

转基因大豆的研发者以及世界各国的多家独立机构，进行了大量的、长期的食用安全性评价，其中包括动物饲喂实验，都证明转基因大豆与非转基因大豆同等安全。

用来做试验的鼠都是怎样的？

实验鼠分为豚鼠、大鼠、小鼠、仓鼠。每一种实验鼠又分为许多品种、品系，不同的品种、品系适用于不同的科学研究。人们熟悉的小白鼠是小鼠的一种，其实小鼠也有别的颜色，大白鼠亦然。仓鼠多为有色的，腮有颊囊，可储存食物，故名仓鼠。

实验鼠繁殖能力都很强，但是"胆小如鼠"是它们的真实写照，环境惊扰会影响生育能力。另据《实验动物学》，仓鼠饲料蛋白质含量低于24%，也会影响生育能力。

误解 **6** ▶ 转基因食品影响子孙后代

现代科学没有发现一例通过食物传递遗传物质整合进入人体的现象，食用转基因食品影响子孙后代之说没有理论基础。

人类食用植物源和动物源的食品已有上万年的历史，这些天然食品中同样含有各种基因，从生物学角度看，转基因食品的基因与普通食品中所含的基因一样，食用转基因食品不可能改变人的遗传特性。事实上，任何一种人们常吃的即使是最传统的动植物食品，都包含了成千上万种基因，不可能也没有必要担心食物中的基因会改变人的基因并遗传给后代。

知识链接：

2011年，《生殖毒理学》杂志上的一篇论文中说，在加拿大魁北克省东部农村，采用"酶联免疫分析法"，检测出一些孕妇和胎儿脐带血中含有微量Bt蛋白，Bt蛋白是转基因抗虫蛋白，也是生物杀虫剂蛋白。部分别有用心的人立即引用这篇论文，宣扬转基因食品影响子孙后代，多国媒体也跟着报道。

实际上，"酶联免疫分析法"会误把已分解的蛋白质当成完整的蛋白质。其他研究者采用更为准确的方法测定了绝对不含Bt蛋白的血样，再用"酶联免疫分析法"又检测出了"含有微量蛋白质"。因此，澳大利亚和新西兰的食品标准局，据此澄清了该流言。

误解 7 · 转基因导致老鼠减少、母猪流产

释疑

2010年9月21日，《国际先驱导报》报道称，"山西、吉林等地区种植'先玉335'玉米导致老鼠减少、母猪流产等异常现象"。科技部、农业部分别召集多部门不同专业的专家组成调查组进行实地考察。据调查，"先玉335"不是转基因品种，山西、吉林等地没有种植转基因玉米，老鼠减少、母猪流产等现象与转基因无关联，属虚假报道。该报道被《新京报》评为"2010年十大科学谣言"。

知识链接：

老鼠为什么会减少？

老鼠的种群数量，受鼠药和疫病的制约。当地前几年用鼠药灭鼠，是对老鼠种群的压制。另外老鼠也会经常被病毒、病菌、寄生虫侵染而患多种常见病和流行病，死亡率很高，种群量因此下降。

自然界的老鼠，种类不同，大小也不同，正如实验鼠有大鼠、小鼠之分。"大老鼠绝迹"是因为这个种群数量大幅下降。"小老鼠呆头呆脑"是鼠药或疫病所致。

大老鼠绝迹　　　　　小老鼠呆头呆脑

老鼠成灾的频率大大降低，正是因为疫病和鼠药的压制

母猪生死胎、流产，是多种常见病和流行病导致的。猪瘟，伪狂犬病，细小病毒病，布鲁氏病，乙型脑炎，繁殖与呼吸综合征，弓形虫病，钩端螺旋体病，这8种疫病都可能导致死胎、流产。前4种疫病有疫苗，母猪不打疫苗得病后只能淘汰；后4种疫病无疫苗，药物治疗效果也不好，得病就得淘汰母猪。除了疫病，营养不良、受惊、遗传基因、内分泌失调、中毒、用药不当也会导致死胎、流产。

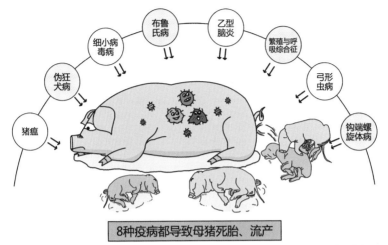

猪瘟

伪狂犬病

细小病毒病

布鲁氏病

乙型脑炎

繁殖与呼吸综合征

弓形虫病

钩端螺旋体病

8种疫病都导致母猪死胎、流产

除了疫病，营养不良、受惊、遗传基因、内分泌失调、中毒、用药不当也会导致死胎、流产

 草甘膦致癌

2015年7月，国际癌症研究机构（IARC）发布了一项报告，将草甘膦列为"较可能对人类致癌"的物质（即2A级），和红酒、熏肉、腊肉、烤肉、腌制食品等列为同一等级。

事实上，联合国粮农组织与世界卫生组织下属的"农药残留联席会议"，在2003年、2006年、2011年三次评估中，给出的结果都是草甘膦"不致癌"。

认为草甘膦不致癌的机构还有：欧洲食品安全管理局，欧洲化学品管理局，美国环保署，美国农业部，加拿大有害生物管理局，德国联邦风险评估研究所，澳大利亚农药和兽药管理局，中国农业农村部药检所，以及很多国家的农药监管检测部门。

美国加州环保局下属的"环境健康危害评估办公室"，依据IARC的评估，把草甘膦列入本州"第65号提案"，这个提案制定了一个"已知的致癌与生殖毒性物质"列表，始于1986年，每年更新一次，截至2017年已有900多种商品列入其中。这是一项地方法律，仅在加州有效，即在加州销售的这些商品，生产者和销售者必须在包装上标注"含有可能致癌物"字样，以便让消费者有知情权和选择权。然而，列入标识清单的还包括薯片、咖啡等食品，所以，这种标识跟现实中该产品是否会癌不能划等号。

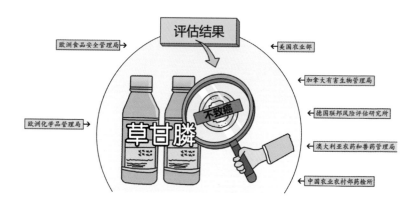

1 啥是草甘膦?

草甘膦已经使用40多年了,因为价格便宜,除草效果好,几乎无残留,成为世界上使用量最大的除草剂。中国也是草甘膦生产大国、使用大国。

草甘膦除草的原理,是抑制植物合成氨基酸的酶的活性,从而阻止氨基酸合成。氨基酸组成蛋白质,蛋白质是细胞的主要成分，氨基酸合成阻断了，那么新的细胞就不能产生，于是植物死亡。细菌也有这种酶，与植物中的酶有所不同，不会被草甘膦抑制。科学家把细菌中控制这种酶的基因转入农作物，这个基因可以让农作物抵抗草甘膦的作用。这样，草甘膦就只能除草，而不影响转基因作物生长。在转基因作物田喷洒草甘膦就不必投鼠忌器，可以机械喷洒甚至飞机喷洒，从而大大节省劳动力。在非转基因作物田，则要小心翼翼地人工喷洒。

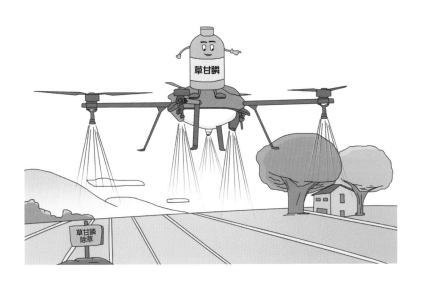

草甘膦毒性很低，据动物试验，其毒性仅相当于食盐。低残留是因为它在自然环境中分解很快，几天就几乎分解完了，微乎其微的未分解分子才是残留。根据联合国粮农组织和世界卫生组织下属的"国际食品法典委员会"的标准，每千克大豆允许残留草甘膦20毫克。但是实际上经过入库、运输、加工，到食用时残留只有0.2毫克。这是因为大豆残留的草甘膦在储运过程中每10天1个半衰期。正因为残留很低，所以没必要检测。

2 "国际癌症研究组织机构"是干什么的？

"国际癌症研究组织机构"本身没有研究人员和研究条件，它只是组织一些专家收集统计某种癌症的论文和某种致癌物的论文，通过对论文提供的证据进行评估，形成报告，然后对致癌物做出评级。

"国际癌症研究组织机构"2015年还把猪肉、牛肉、羊肉等红肉评估为"很可能致癌"，与草甘膦同级，可是世界人民不会因此不吃肉。

拿草甘膦说事，是"项庄舞剑，意在沛公"，意在妖魔化喷洒草甘膦的转基因作物，可是世界上只有40%的草甘膦用于转基因作物田，还有60%使用于非转基因作物田。如果不用草甘膦，就得用别的除草剂，如果什么除草剂都不用，就得回到"锄禾日当午，汗滴禾下土"的时代。

误解 9　抗虫转基因作物虫子吃了会死，对人体同样有害

释疑

对于转入的基因，科学家已经进行了深入研究，其结构、功能和作用机理都是清晰明确的，产生的效果是可预期的。例如，苏云金芽孢杆菌具有杀虫作用，70多年来一直作为安全的生物杀虫剂在农业生产上持续应用。科学研究表明，起作用的是一种杀虫蛋白，这种蛋白受Bt基因控制。通过转基因技术将Bt基因转入作物后，作物自身就能产生这种蛋白，形成"抗体"，这种内生蛋白杀虫效果更好更稳定，而且高度专一，只能与特定害虫肠道上皮细胞的特异性受体结合，使害虫死亡。人类、畜禽和其他昆虫肠道细胞没有该蛋白的结合位点，吃了安然无恙。社会上广为流传的"虫子吃了会死，人吃了一定有害"，其实是误解。

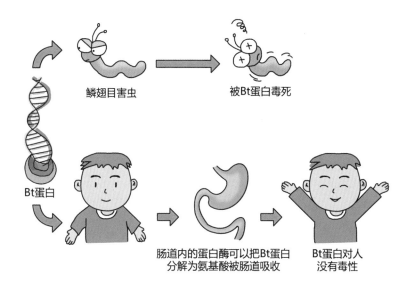

鳞翅目害虫 → 被Bt蛋白毒死

Bt蛋白

肠道内的蛋白酶可以把Bt蛋白分解为氨基酸被肠道吸收 → Bt蛋白对人没有毒性

知识链接：

① 什么是Bt蛋白？

Bt蛋白是由Bt基因编码合成的，那么把Bt基因转入棉花、玉米、水稻，这些转基因作物就会产生Bt蛋白。鳞翅目幼虫吃了转基因作物，也就吃进了Bt蛋白，在它的肠道里，Bt蛋白与肠道壁上的糖蛋白结合，发生一系列变化，导致它因大量电解质流失而死。这便可以大大减少农药喷洒，进而减少环境污染。因为避免了虫害导致的减产，也就等于提高了产量。

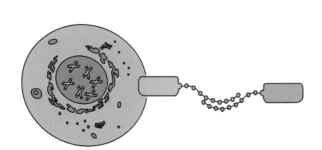

Bt蛋白与肠道壁上的糖蛋白结合

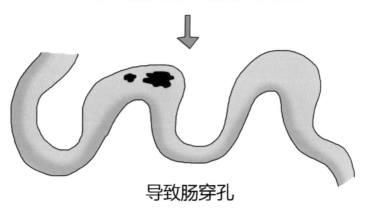

导致肠穿孔

❷ 什么是鳞翅目害虫？

在动物界，所有昆虫归为一个"纲"，昆虫纲下面分为30多个目，其中鳞翅目是农业的主要害虫。棉铃虫、玉米螟、水稻螟，都是鳞翅目害虫。鳞翅目因翅膀上有鳞片而得名。鳞翅目的成虫，就是我们常见的蛾与蝶，蛾丑陋，蝶美丽，但都是害虫。蛾与蝶产卵，卵孵化出幼虫，幼虫蛀食农作物。

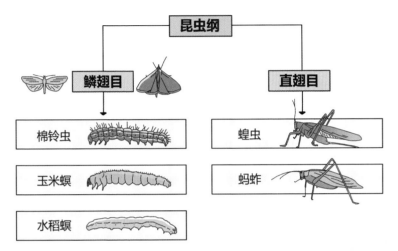

```
                    ┌─────────────┐
                    │   昆虫纲    │
                    └─────────────┘
              ┌────────────┴────────────┐
        ┌───────────┐             ┌───────────┐
        │  鳞翅目   │             │  直翅目   │
        └───────────┘             └───────────┘
              │                         │
   ┌──────────────────┐      ┌──────────────────┐
   │ 棉铃虫           │      │ 蝗虫             │
   └──────────────────┘      └──────────────────┘
   ┌──────────────────┐      ┌──────────────────┐
   │ 玉米螟           │      │ 蚂蚱             │
   └──────────────────┘      └──────────────────┘
   ┌──────────────────┐
   │ 水稻螟           │
   └──────────────────┘
```

误解 10 转基因食品必须进行人体试吃试验

释疑

　　人类吃的小麦、玉米、大米、大豆，都是从原始社会传下来的。原始社会的人们通过狩猎、采集的方式获取食物，慢慢发现采集的植物种子，落地以后可以生长结子，于是便人工播种，收获种子，这就诞生了农业。农业已有1万多年历史了。且不说采集业，只说农业，人类吃粮食也吃了1万多年了。所以，科学家从来不进行食品的人体试吃试验。如果拿食品做人体试吃试验，让一群人在很长一段时间内只吃某一种食品，还要对他们进行观察、检测，是不符合伦理道德的。这与药品的临床试验完全不是一回事。

播种　　　　　　　　收获

食用

📖 知识链接：

❶ 人体吸收食物营养的原理。

人体的消化吸收系统主要由口腔、咽、食道、胃、小肠、大肠等组成。食物从口腔开始，经食道进入胃，食物中的蛋白质被胃液中的胃蛋白酶初步分解，形成食糜。食糜由胃进入小肠，受到胰液、胆汁和小肠液的化学性消化以及小肠的机械性消化，逐渐被分解为简单的、可吸收的小分子物质，即蛋白质的基本组成单位—氨基酸，被小肠吸收，经过代谢活动，大部分转化成人体所需蛋白质（约75%），少部分转化成能

量，其余转化为糖类、脂类及其他活性物质，难于消化的食物残渣进入大肠，排出体外。

❷ Bt 蛋白和普通食物蛋白的消化代谢过程一样，不会在体内积累。

抗虫棉、抗虫水稻、抗虫玉米等作物中转入的是一种Bt基因。科学实验发现，Bt基因转入作物后，能够转化成Bt蛋白。Bt蛋白在人体内和其他食物蛋白一样，在消化道内能够被快速分解成氨基酸，被消化、吸收、代谢，从而转化成人体所需的蛋白质、能量、糖类、脂类及其他活性物质，未被完全分解的随粪便排出，不会在人体内累积。

误解 11 ▶ 小白鼠试验不能代替人体试验

释疑

　　人是哺乳动物，所有哺乳动物的生理机能都是近似的，做哺乳动物试验在绝大多数情况下可以代替人体试验。可用作科学实验的哺乳动物包括猩猩、猴子、狗、猪、羊、兔子等，但是最常用的是小白鼠。小白鼠作为试验动物已有100余年历史了。

知识链接：

为什么用小白鼠做试验？

这是因为小白鼠小，试验中好操作，占的地方也小；吃得少，繁殖率高，长到一两个月就可以繁殖，一窝十来只，一年十来窝，这就可以源源不断地提供实验鼠，试验成本比较低；寿命只有两三年，出试验结果快，其结果相当于七八十年人体试验的结果。

老鼠繁殖率高

更重要的是可以让它近亲繁殖，产生没有个体差异的群体。一公一母，产一窝后代，让这一窝小鼠近亲交配，第三代再近亲交配，连续20代，它们的基因型就趋于相同，犹如人类的同卵双胞胎。基因型相同，免疫力、内分泌系统、神经系统等各种生理机能都相同，做实验时个体之间就没有差异，这样的试验才准确。人与人之间，基因型都不一致，生理机能都有差异，那么就会一个人一个试验结果，这样的试验就不准确。

转基因食品具有潜在风险

很多人并不能区分"风险"和"危险"在含义上的差别。一般来说,"风险"的含义是"正常发展的事物也有可能出现灾害",是一种正常的概率,有"风险"不可怕,关键是风险要能控制和接受。

更为重要的是,人类对转基因技术的科学原理、过程、目标和结果都有非常清晰的认识,这种认识是建立在分子生物学的坚实基础上的。虽然说未来科学还会继续向前发展,有些认识会改变,但有些知识是不会改变的,否则我们今天生活所依赖的一切都是空中楼阁了。

对于转基因食品，其最重要的一点科学认知是：基因的产物是蛋白质，人体的消化系统会把蛋白质分解掉，而不会区分是什么基因。事实上，每种食物都有成千上万的基因，并不存在这些基因会影响人体健康的担忧。这一认知也适用于传统食品，换句话说，如果将来这点会改变，意味着对传统食品健康性的认识也一样要改变。

科学家对转基因食品还做了 30 多年近 2 000 项各种试验，这些试验也进一步证明了上述科学理论的准确性。

转基因技术 1982 年开始应用于医药领域，1989 年开始应用于食品工业领域，目前广泛使用的人胰岛素、重组疫苗、抗生素、干扰素和啤酒酵母、食品酶制剂、食品添加剂等，很多都是用转基因技术生产的产品。

转基因作物有哪些环境风险需要考虑？

农业转基因技术本身是中性的，既可以造福人类也可能产生风险，正因如此，需要进行严格的安全评价和有效监管，趋利避害，防范风险。转基因产品是否安全关键看转入的基因、表达的产物以及转入过程是否增加了相关的风险，因此需要个案分析，逐个开展安全评价以确保安全，这也是世界各国加强转基因安全管理的通行做法。

从科学角度看，农业转基因技术的安全性主要包括两个方面，即食用安全和环境安全。科学研究表明，任何一种食物，包括转基因食物，进入胃肠后，蛋白质、脂肪、碳水化合物等分解成小分子被人体吸收。转基因产品只要经过安全评价和验证，表明其转基因表达的蛋白质不是致敏物和毒素，就不会因食用而出现安全问题。为此，国际食品法典委员会(CAC)、联合国粮农组织(FAO)与世界卫生组织(WHO)等制定了一系列转基因生物安全评价标准，是全球公认的评价准则；包括对转基因产品食用的毒性、致敏性、致畸性，以及对基因漂移、遗传稳定性、生存竞争能力、生物多样性等环境生态影响的安全性评价，以确保只要通过安全评价、获得安全证书的转基因生物及其产品就都是安全的。事实上，全球大规模商业化种植转基因作物已有20年，迄今为止未发生一例被科学证实的安全问题。

国际社会对于转基因的安全性是有

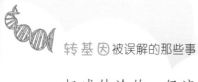

权威结论的。经济合作与发展组织(OECD)联合世界卫生组织、联合国粮农组织，充分研讨后得出结论目前上市的所有转基因食品都是安全的。欧盟委员会历时25年，组织500多个独立科学团体参与的130多个科研项目得出的结论是"生物技术，特别是转基因技术，并不比传统育种技术危险"。世界卫生组织认为"目前尚未显示转基因食品批准国的广大民众使用转基因食品后对人体健康产生了任何影响"。国际科学理事会认为，"现有的转基因作物以及由其制成的食品，已被判定可以安全使用，所使用的监测方法被认为是合理适当的"。英国皇家医学会、美国国家科学院、巴西科学院、中国科学院、印度国家科学院、墨西哥科学院和第三世界科学院联合出版的《转基因植物与世界农业》认为，"可以利用转基因技术生产食品，这些食品更有营养、储存更稳定，而且原则上更能够促进健康，给工业化和发展中国家的消费者带来惠益"。

误解 13　基因漂移非常可怕

释疑

基因漂移又被称为基因漂流、基因流动，指的是基因在不同种群之间的转移。

"基因跨种转移"是一个自然存在的过程，土壤中普遍存在的农杆菌就能将自己的基因悄悄地转移到植物中去，目前广泛运用的转基因方法就有农杆菌侵染法。除此之外，发生基因漂移的方式还有种群迁徙或者植物花粉随风飘散，等等。

上亿年来的生物进化都离不开基因漂移，一种生物的某种基因向附近野生近缘种的自发转移，会导致附近野生近缘种发生内在的基因变化，从而具有了该基因的一些优势特征，最终形成新的物种，使生态环境发生结构性变化。

我们所关心和担忧的问题，也是科学家所关心和担忧的。科学家对这些问题全都进行了评估；人们没有注意到的问题，科学家也都进行了严格的评估。科学家在评估基因漂移的影响时，会全面评估转基因植物中的外源基因向栽培作物、野生近缘植物等漂移的几率、影响、潜在风险等情况。为了避免转基因作物的一些性状向非目标植物传递，科学家会采取在试验区设立隔离带等防护措施。比如，10米的间隔就可以防止转基因水稻影响非转基因水稻。

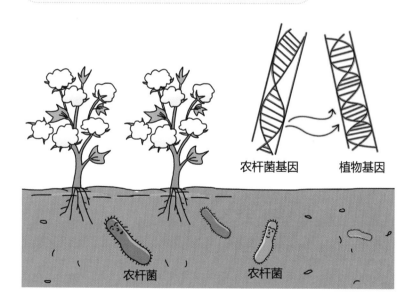

农杆菌基因　　　　植物基因

农杆菌　　　　　农杆菌

误解 14 种植转基因抗除草剂作物会产生
"超级杂草"

释疑

转基因抗除草剂作物不会成为无法控制的"超级杂草"。

1995年在加拿大的油菜地里发现了个别油菜植株可以抗1～3种除草剂，因而有人称它为"超级杂草"。事实上，这种油菜在喷施另一种除草剂2,4-D后即可全部被杀死。

舆论中所称的"超级杂草"大概是指长期种植耐草甘膦除草剂的转基因作物后，地里会长出一种"任何除草剂都无法杀灭的杂草"，显然，这不符合实际情形，因为即使是长期喷洒草甘膦这种除草剂，这种杂草也只可能对草甘膦产生抗性，而不可能对所有除草剂都产生抗性。而且，这不是转基因作物独有的问题，传统作物同样面临杂草对农药产生抗性的问题。要解决这一问题，可以喷洒不同的除草剂或者不同作用机理的除草剂；或者使用非化学手段的杂草防控措施，包括作物轮耕、土壤耕作和采后杂草种子处理等。

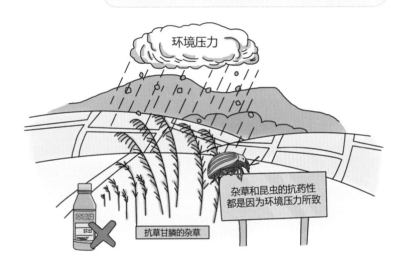

环境压力

杂草和昆虫的抗药性都是因为环境压力所致

抗草甘膦的杂草

转基因作物不增产，对生产没有任何作用

现阶段广泛商业化种植的转基因作物并不以增产为直接目的，有着更高产量和其他更优良特性的转基因作物，是下一代转基因作物研发的方向。

农业上的增产与否受多种因素影响，转基因抗虫、抗除草剂品种能减少害虫和杂草危害，减少产量损失，加快了少耕、免耕栽培技术的推广，实际起到了增产的效果。如巴西、阿根廷等国种植转基因大豆后产量大幅度提高；南非推广种植转基因抗虫玉米后，单产提高了一倍，由玉米进口国变成了出口国；印度引进转基因抗虫棉后，也由棉花进口国变成了出口国。

从美国农业部公布的历年大豆种植面积和产量可以清楚看到，美国1996年开始种植转基因大豆，1996年之前的20年，非转基因大豆年平均亩产144.25千克；1996年之后的20年，转基因大豆年平均亩产171千克，增产26.75千克。这说明转基因大豆是增产的。

种植转基因抗草甘膦大豆，不需要耕地除草，这有利于保持土壤水分，从而提高产量。喷洒草甘膦不伤大豆，行距就可变窄，从而增加了密度，提高了产量。

此外，农作物增产并不是农业的唯一目标，还有减少投入、保护环境、保障农民的健康、提高农业竞争力，这都是转基因技术的优势。

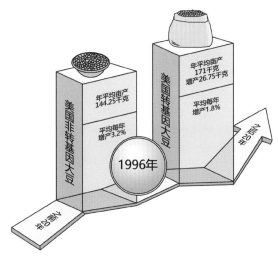

年平均亩产144.25千克

美国非转基因大豆

平均每年增产3.2%

1996年

年平均亩产171千克增产26.75千克

美国转基因大豆

平均每年增产1.8%

 误解 16 转基因作物不优质

 释疑

转基因作物能不能提高农产品品质，不能一概而论。抗除草剂的转基因作物与农产品品质无关，但是却间接提高了农产品品质。

比如棉花，棉铃虫蛀棉铃，使棉铃不能正常成熟，所以棉花纤维品质下降，而抗虫棉的虫蛀率大大下降，那么棉花纤维品质就大大提高了。

比如玉米，玉米螟的幼虫钻入玉米穗，吃玉米粒，留下伤痕，雨水就很容易进入穗子，伤痕处的籽粒便容易霉变，虫害越重霉变率越高。但转基因抗虫玉米几乎无霉变，品质因此而提高，所以饲料企业、养殖企业都愿意选用转基因玉米。

直接提高品质的转基因作物有植酸酶玉米和黄金大米。

① 什么是转基因植酸酶玉米？

转基因植酸酶玉米是中国育成的。植酸就是"植物的酸"，存在于玉米的籽粒之中。植酸之中含有磷酸，磷酸的磷是人和动物不可或缺的，但是人和动物吃了玉米却不能分解植酸，也就不能利用植酸里的磷，那么植酸只能随粪便被排泄。自然界的细菌可以分解粪便中的植酸，分解出来的磷进入水域成了绿藻的营养，绿藻因此茂盛，则耗夺水中的氧，鱼就会缺氧而死。

玉米中的植酸不能被动物分解，饲料中就必须添加磷酸氢钙，以给畜禽补充磷；或者往饲料中添加植酸酶，让植酸酶分解玉米的植酸。添加的植酸酶是利用曲霉菌发酵产生的。

转基因植酸酶玉米，就是把曲霉菌产生植酸酶的基因转入玉米。玉米具有了植酸酶，就可以把植酸分解，释放出磷，满足人和畜禽的需求。转基因植酸酶玉米可以减少甚至省却饲料中磷酸氢钙或植酸酶的使用量，从而降低饲料成本。

转基因植酸酶玉米与高产玉米杂交，可以培育出既高产又含植酸酶的玉米新品种。

2 什么是黄金大米?

黄金大米是美国育成的。普通大米是白色的,那是因为不含 β–胡萝卜素,β–胡萝卜素是黄色的,而黄金大米富含 β–胡萝卜素,所以黄金大米是黄色的。β–胡萝卜素在人体内可以转化为维生素A,转化率为 12∶1,维生素A是视网膜细胞所必需的,严重缺乏维生素A可致夜盲症,进一步发展可致失明。维生素A只存在于海鱼和哺乳动物食品中,β–胡萝卜素则存在于深色蔬菜中,可是世界上许多以大米为主食的贫困地区缺乏蔬菜,更缺乏海鱼和肉类,容易引发夜盲症和失明。

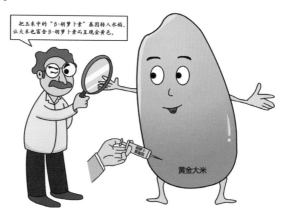

3 黄金大米为什么富含 β–胡萝卜素?

科学家向水稻中转入了一种来自玉米的基因和一种常见土壤微生物的基因,这两个基因让大米中含有足够的 β–胡萝卜素。

误解 17 美国人不吃转基因食品，生产出来卖给中国人

美国市场上75%以上的食品都含有转基因成分。

美国是转基因技术研发大国，也是转基因食品生产和消费的大国。据不完全统计，美国国内生产和销售的转基因大豆、玉米、油菜、番茄和番木瓜等植物来源的转基因食品超过3 000个种类和品牌，加上凝乳酶等转基因微生物来源的食品，超过5 000种。

知识链接：

1 美国消费转基因大豆情况。

据美国农业部数据：美国2015年大豆总产量1亿吨出头，转基因大豆种植面积占92%，年消费大豆5 500万吨，年人均消费大豆油20千克。

误解 17 美国人不吃转基因食品，生产出来卖给中国人

53

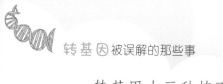

转基因大豆种植面积占92％，非转基因大豆占8％，即使非转基因与转基因单产相同，非转基因大豆也只有800万吨。

有人会说：美国只吃这800万吨非转基因大豆。那么来看大豆油消费数据：年人均消费大豆油20千克，这需要100千克大豆原料，美国人口3.2亿，共需要3 200万吨大豆原料榨油，而非转基因大豆只有800万吨。

有人还会说：美国可以进口非转基因大豆。那就再看贸易数据：美国每年进口非转基因大豆只有几十万吨。

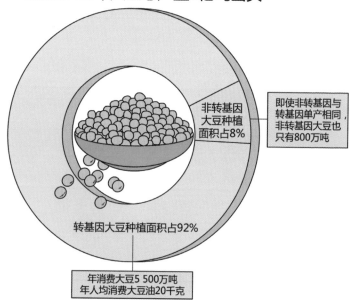

美国2015年大豆总产量1亿吨出头

即使非转基因与转基因单产相同，非转基因大豆也只有800万吨

非转基因大豆种植面积占8％

转基因大豆种植面积占92％

年消费大豆5 500万吨
年人均消费大豆油20千克

美国每年消费大豆5 500万吨，减去榨油的3 200万吨，再减去非转基因大豆800万吨，还有1 500万吨转基因大豆用于加工各种食品。

2 美国消费转基因玉米情况。

美国环保署规定：作为昆虫"庇护所"的10%非转基因玉米不能单独种，必须与转基因玉米混种，这样，延迟玉米螟对转基因的抗性，效果最好。因为是混种，通常只能混收，那么美国就没有单纯的非转基因玉米，而都是转基因玉米。只要美国人把玉米当食品，就一定吃转基因玉米食品。

有人会说：美国人可以只吃有机玉米。可是，美国相关机构数据显示，美国有机农业面积约为3 300万亩；美国食品和食品工业（不含白酒）每年需要玉米4 600万吨。由此可知，美国转基因玉米平均亩产650千克，即使有机农田都种玉米（假定亩产与转基因玉米相同，事实上有机玉米亩产很低），那么3 300万亩有机农田也只能收获2 145万吨玉米，还差2 455万吨玉米。

规定

转基因玉米商业化种植者必须保留10%的非转基因玉米作为昆虫的"庇护所"。

美国环保署

转基因玉米商业化种植

10%非转基因玉米地

　　有人还会说：美国可以进口非转基因玉米。殊不知，美国玉米产量占世界的40%以上，几乎不进口玉米，但是消费量却很大。美国年人均直接吃掉的转基因玉米在30千克左右，庞大的食品工业也处处要消耗转基因玉米。他们要用玉米来榨油，用玉米作为原料生产木糖醇，将玉米用于抗生素的微生物发酵，还用玉米来生产啤酒、加工各种食品等。

误解 18 转基因毁掉了阿根廷

释疑

　　阿根廷因为使用转基因技术而成为全球农业出口大国，给农民带来了实实在在的利益。

　　阿根廷是全球率先商业化种植转基因作物的几个主要国家之一。2016年，阿根廷仍然保持其全球第三大转基因作物生产国的排名，仅次于美国和巴西，占全球种植面积的13%。该国种植了2 382万公顷转基因作物，包括1 870万公顷转基因大豆、474万公顷转基因玉米和38万公顷转基因棉花。

虚构转基因大豆与草甘膦给阿根廷造成种种"危害"

知识链接：

阿根廷农业发展现状。

阿根廷国土面积278万平方千米，终年不下雪、不结冰，耕地广阔而肥沃，200年来一直是农产品出口国，被誉为"世界粮仓"和"肉库"。如今人均耕地仍有0.67公顷，远远高于我国。因工业化停滞不前，也导致一系列经济问题，通货膨胀是突出问题之一，就使得农业显得尤为重要，而转基因又带来了农业革命。中高收入者想应对通货膨胀，要么立即消费，要么立即投资，而转基因农业是投资的首选，于是，越来越多的投资者租赁大地主的土地，发展转基因农业，获得了收益。

阿根廷1996年引进转基因技术，2004年大豆、玉米、棉花几乎全部转基因。事实是"转基因农业及其税收给阿根廷经济注入活力"，而不是"转基因毁掉了阿根廷"。

阿根廷毗邻巴西，巴西受阿根廷影响，也大力发展转基因农业。巴西人口2亿，面积850多万平方千米，比阿根廷大得多，转基因农作物种植面积于2009年超过阿根廷，居全球第二。

误解
19 转基因安全性，在科学界还没有
定论

对转基因食品的安全性持怀疑态度主要有两个原因：一是认为转基因在专家学者群体或者公共舆论层面上还存在争议；二是认为转基因食品是新生事物，对其研究尚浅，科学家可能还有"考虑不周"的地方。

转基因在公共舆论中的确存在争议，但舆论中的争议要看争论的双方是谁，以及争论的内容是什么。如果是一个肿瘤科医生和一个程序员争论癌症的治疗问题，大家显然会认为肿瘤科医生更了解情况。转基因问题也是如此。

那么科学家群体内部有争议吗？应该说，确实有一些隔行学者质疑过转基因的安全性，但是，与转基因安全性最密切相关的分子生物学、食品毒理学领域的科学家对其安全性是有共识的，不存在争议。

2016年全球有100多位诺贝尔奖得主

联名支持转基因，其中包括多位生物学领域的开拓者、泰斗级人物，这是转基因安全性在主流科学界达成共识的表现之一。

更为重要的是，和我们平常所看到的"争论"不同，科学家如果对一个问题有不同观点，并不是通过和别人"打嘴仗"或者接受媒体采访的方式来表达，而是通过做实验、发表论文的方式来展现。然而，目前全球还没有一篇获得学术界普遍认可的、发表在权威学术刊物的文章，能证明转基因确实存在安全问

题。这并非转基因安全性的研究做得少，全球已有至少9 000多篇关于转基因安全性的SCI论文，全球科学家为此耗费了数以百亿计的研究经费，却未发现转基因不安全的确凿科学证据。

我们可以看看《欧盟转基因生物研究十年（2001—2010）》。欧盟对转基因技术的安全性研究进行了25年，设有500个独立研究组、130个课题，耗费3亿欧元（这还不包括项目所在国的配套经费），是对转基因育种这项技术安全性最彻底的评估之一，结果也跟其他地区科学家获得的结论一致：转基因育种技术至少跟传统作物育种一样安全。

正是基于这些可靠的研究，世界卫生组织、联合国粮农组织、欧盟食品安全局、法国科学院、日本厚生劳动省、美国食品药品监督管理局、英国皇家学会、美国国家科学院、中国科学院等权威机构都对转基因安全性发表了声明，均认为转基因食品至少与传统食品一样安全。

目前市场上的圣女果、紫薯、彩椒等都是转基因品种

释疑

目前我国市场上销售的圣女果、紫薯、彩椒等都不是转基因品种。

植物是大自然赋予人类的宝贵财富，人类在长期的农耕实践中对野生植物进行栽培和驯化，从而形成了丰富的作物类型。我国市场上所有的圣女果、紫薯、彩椒等都是自然演变和人工选择产生的品种。

截至2018年4月，中国批准的转基因产品可以分为两类：一类是我国自己种植和生产的转基因抗虫棉和转基因抗病毒番木瓜；另外一类是从国外进口的转基因大豆、转基因玉米、转基因油菜、转基因甜菜和转基因棉花，主要用作加工原料。

1 圣女果。

因为比正常番茄小，又被称为小番茄、草莓番茄、樱桃番茄。番茄起源于南美，发现美洲新大陆以后传入欧洲，又传到世界各地，如今是世界上种植面积最大、生产量最大的蔬菜。几百年来，在人工驯化、选育过程中，为了追求产量，就一代一代选育体形大的番茄。当产量极大丰富以后，人们又追求品种多样化，于是就选育外观好看、生食方便的小番茄。小番茄更接近野生番茄。今天在南美洲的秘鲁，仍有野生番茄，叫"醋栗番茄"。"醋"是因为酸，酸是因为富含维生素C；"栗"是因为个头如板栗。从醋栗番茄到小番茄，5个基因发生了突变，再到大番茄，其中有13

小番茄。因为比正常番茄小，又比喻为草莓番茄、樱桃番茄或拟人化地称为圣女果。

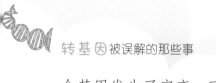

个基因发生了突变。可见，番茄的大小是多个基因决定的，不是1个基因决定的，而转基因一般只转入1个基因，所以小番茄之"小"不是转基因所致。倒是大番茄有转基因的，转的是"反义基因"。转入"反义基因"后，就大大降低了原有基因的作用，那么酶就不产生了，乙烯当然也不产生了，细胞壁就不被溶解了，番茄长红以后就不会变软了，就可以长途运输、长期储存而不会烂掉，但是该品种因口感不佳而未上市。

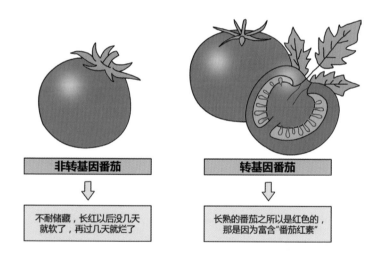

非转基因番茄	转基因番茄
⇩	⇩
不耐储藏，长红以后没几天就软了，再过几天就烂了	长熟的番茄之所以是红色的，那是因为富含"番茄红素"

2 紫薯。

紫薯以前罕见，现在常见。以前常见的是红薯、白薯，因薯皮颜色而名。薯肉的颜色也有多种。薯皮与薯肉的颜色，由白到黄，由黄到红，是由所含的类胡萝卜素、维生素A、维生素E、维生素B_2的量决定的，含得少就颜色浅，含得多就颜色深。有的薯肉，带有紫晕，那是花青素，不过含量很少。花青素也有益于健康，其合成过程分为好几个步骤，由多个酶分别催化，而酶是基因产生的，那么花青素就是由多个基因决定的。通过杂交育种，让这些基因优化组合，一代一代选育，就选育出了花青素含量高的紫薯。这是常规育种，不是转基因育种。

薯皮与薯肉的颜色，由白到黄，由黄到红，是由所含的类胡萝卜素、维生素A、维生素E、维生素B_2的量决定的，含得少颜色浅，含得多就颜色深。

薯肉带有紫晕
那是花青素
花青素有益于健康

3 彩椒。

彩椒，或黄色，或红色，主要因为其α－胡萝卜素和β－胡萝卜素等含量高，而青椒所含的类胡萝卜素则很少。彩椒是青椒因基因突变而出现不同的颜

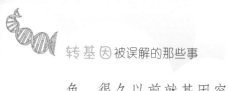
色，很久以前就基因突变了，在墨西哥保留
有原始基因突变种，又经人工选育成现在的
彩椒。

彩椒、青椒

图书在版编目（CIP）数据

转基因被误解的那些事／农业农村部农业转基因生物安全管理办公室编．—北京：中国农业出版社，2017.12（2020.9重印）

（农业转基因科普系列丛书）

ISBN 978-7-109-24266-1

Ⅰ．①转… Ⅱ．①农… Ⅲ．①转基因技术－普及读物 Ⅳ．①Q785-49

中国版本图书馆CIP数据核字(2018)第140784号

中国农业出版社出版
（北京市朝阳区麦子店街18号楼）
（邮政编码 100125）
责任编辑　张丽四　路维伟

北京通州皇家印刷厂印刷　新华书店北京发行所发行
2017年12月第1版　2020年9月北京第4次印刷

开本：889mm×1194mm　1/32　印张：2.375
字数：55千字
定价：20.00元
（凡本版图书出现印刷、装订错误，请向出版社发行部调换）